我是传奇

成长励志手账

流年 著　锄豆文化 编绘

北京时代华文书局

图书在版编目（CIP）数据

成长励志手账 / 流年著；锄豆文化编绘．一北京：北京时代华文书局，2024.3
（我是传奇）
ISBN 978-7-5699-5397-8

Ⅰ．①成… Ⅱ．①流…②锄… Ⅲ．①本册 Ⅳ．① TS951.5

中国国家版本馆 CIP 数据核字（2024）第 052767 号

拼音书名 | WO SHI CHUANQI
　　　　　 CHENGZHANG LIZHI SHOUZHANG

出 版 人 | 陈　涛
选题策划 | 直笔体育　徐　琰
责任编辑 | 马彰羚
责任校对 | 初海龙
封面设计 | 王淑聪
责任印制 | 訾　敬

出版发行 | 北京时代华文书局 http://www.bjsdsj.com.cn
　　　　　 北京市东城区安定门外大街 138 号皇城国际大厦 A 座 8 层
　　　　　 邮编：100011　　电话：010-64263661　64261528
印　　刷 | 三河市嘉科万达彩色印刷有限公司　0316-3156777
　　　　　（如发现印装质量问题，请与印刷厂联系调换）
开　　本 | 710 mm × 1000 mm　1/16　印　张 | 4　字　数 | 7 千字
版　　次 | 2024 年 3 月第 1 版　　　　　印　次 | 2024 年 3 月第 1 次印刷
成品尺寸 | 170 mm × 230 mm
定　　价 | 198.00 元（全十册）

版权所有，侵权必究

开篇

春夏秋冬，周而复始。
在四季的更替中，我们学会成长。
春天，万物复苏，我们欣赏五颜六色的花。
夏天，鸟语蝉鸣，我们体验热闹非凡的童年。
秋天，红叶落地，我们欣赏美丽的自然。
冬天，雪花飘落，我们沉浸于洁白的世界。

当成长如约而至，
我们须确定目标，选择自己前进的方向。
当挫折阻碍前行，
我们须树立榜样，为自己寻找正确的指引。

体育赛场上，那一个个耳熟能详的名字，
他们是传奇，更是榜样。
他们努力奋斗、无所畏惧。
阅读一系列属于体育的励志故事，
让我们成为自己的老师，记录下属于自己的成长轨迹。

MON	
TUE	
WED	
THU	
FRI	
SAT	
SUN	

克里斯蒂亚诺·罗纳尔多

> 我们不能只是谈论梦想，而是要实现梦想。

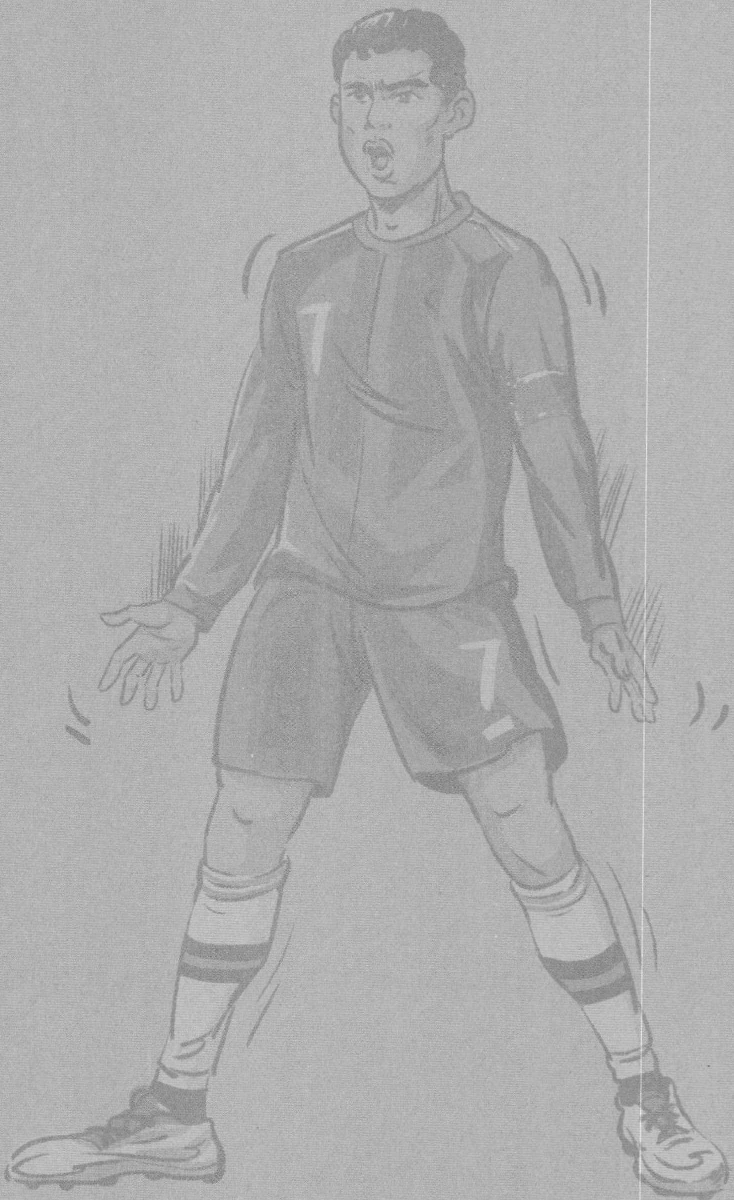

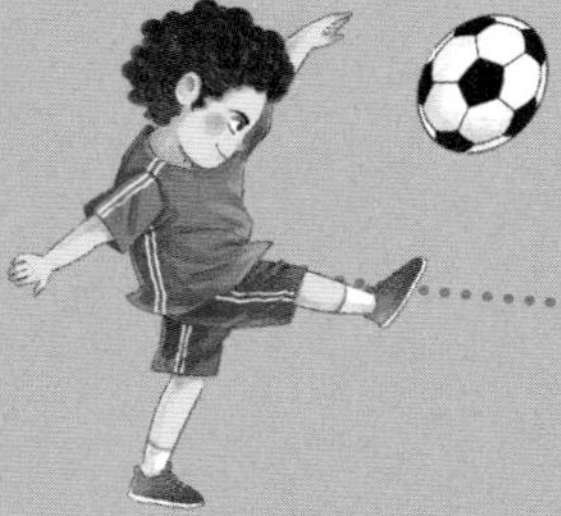

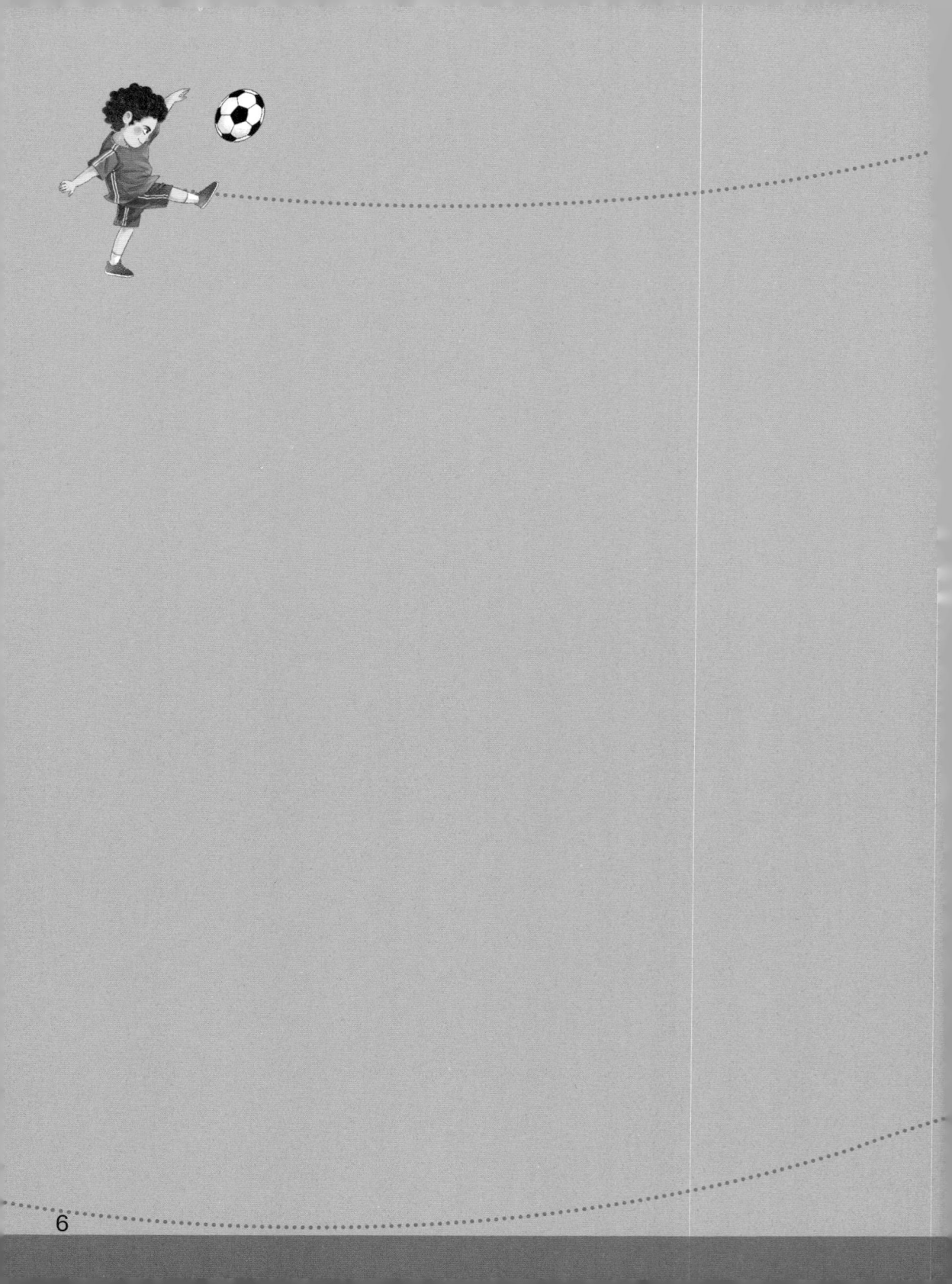

MON	
TUE	
WED	
THU	
FRI	
SAT	
SUN	

科比·布莱恩特

> 你放弃的那一刻，就是对手赢的时刻。

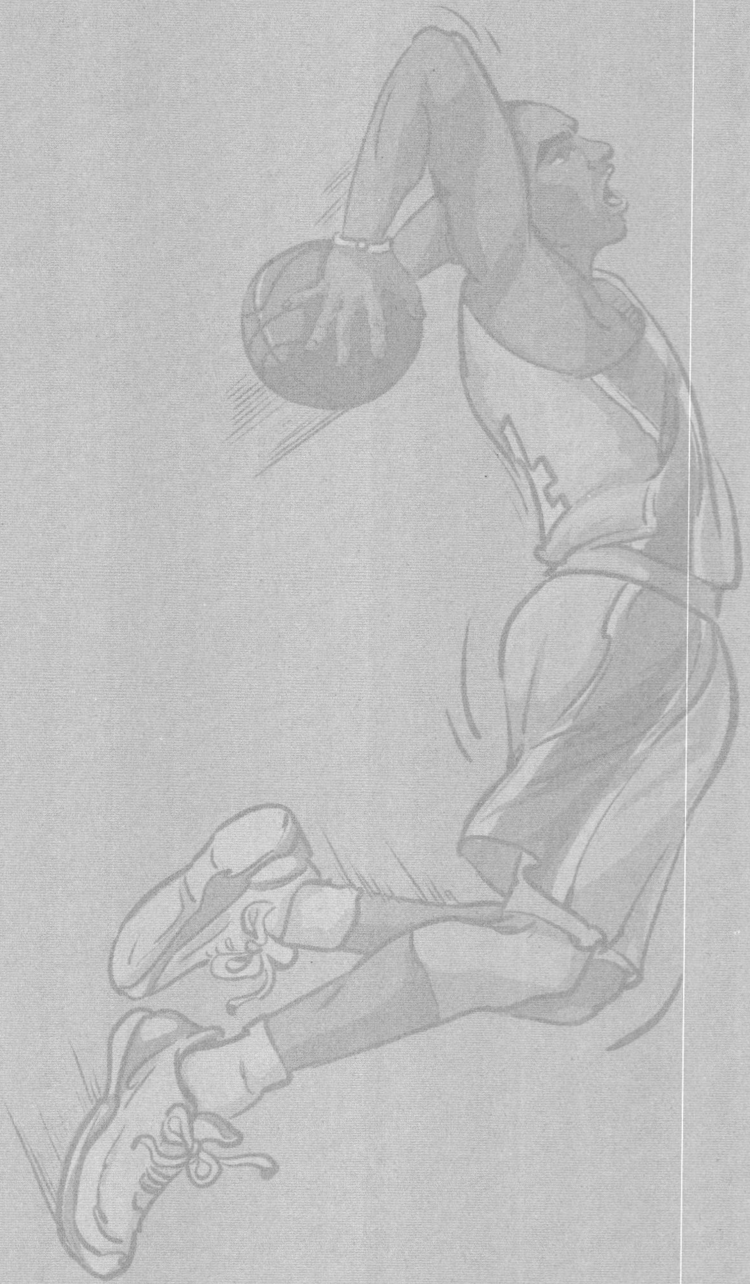

12

| MON |
| TUE |
| WED |
| THU |
| FRI |
| SAT |
| SUN |

勒布朗·詹姆斯

不做第二个谁，只做第一个我。

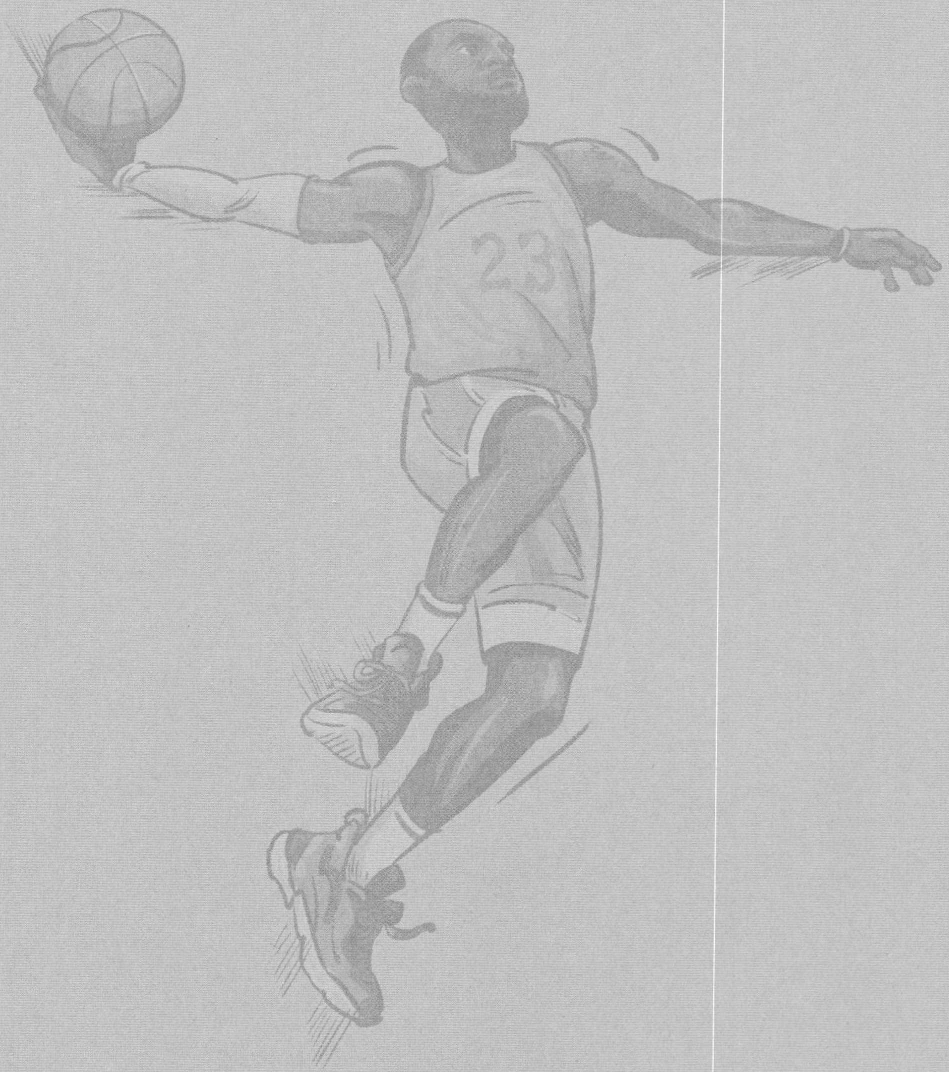

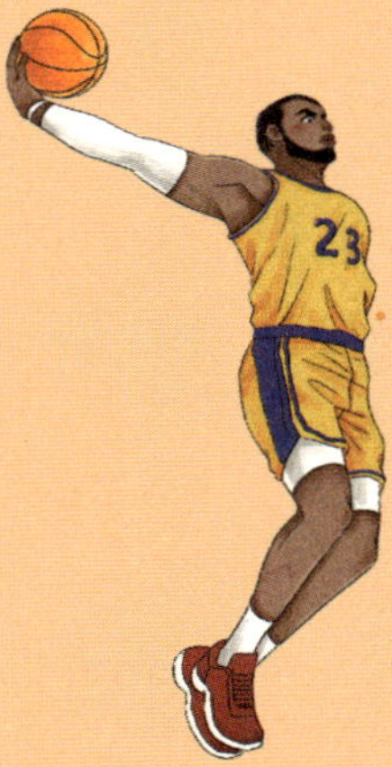
23

| MON |
| TUE |
| WED |
| THU |
| FRI |
| SAT |
| SUN |

斯蒂芬·库里

请记得拼在当下,请记得每天奋斗。

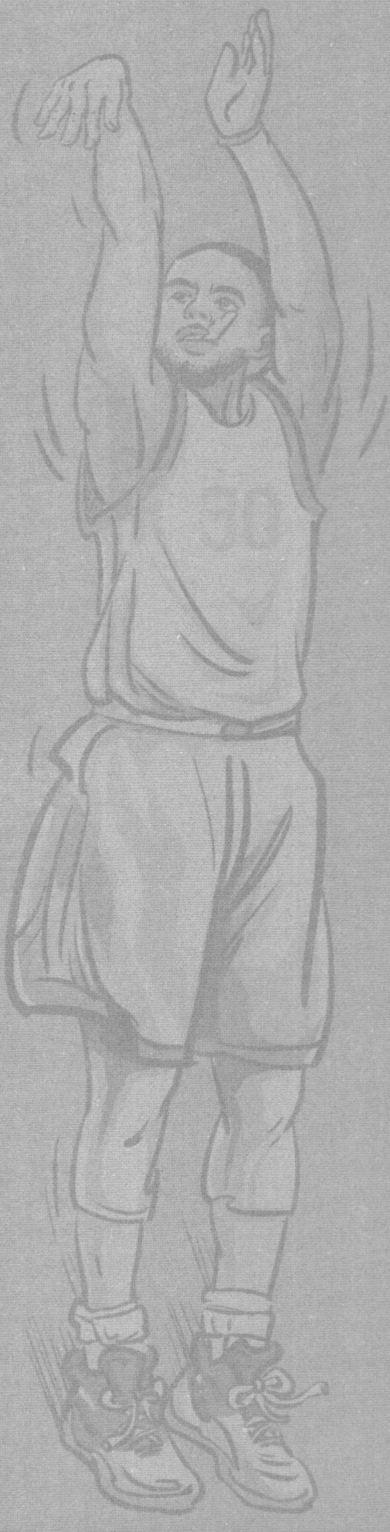

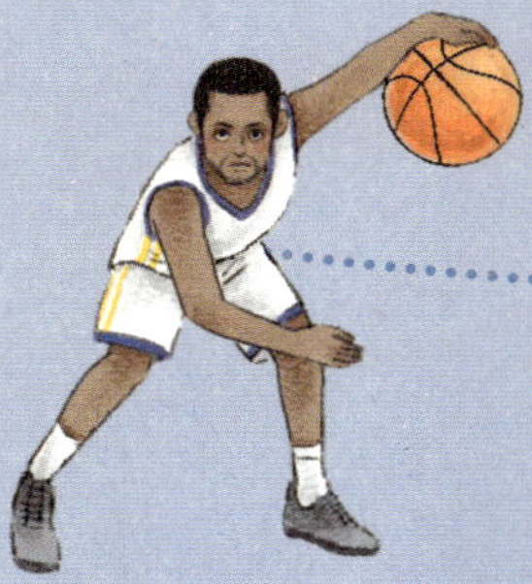

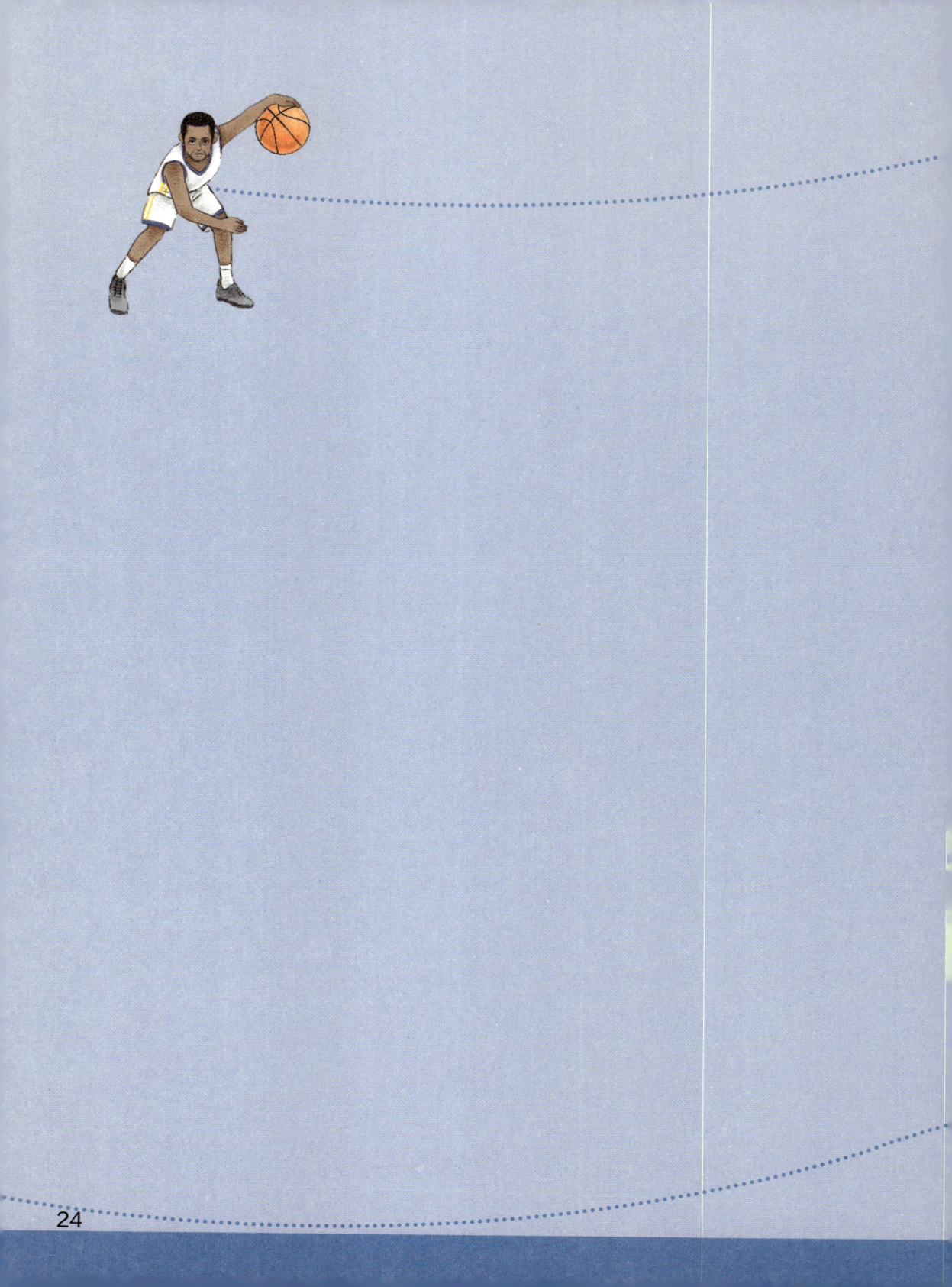

MON	
TUE	
WED	
THU	
FRI	
SAT	
SUN	

罗杰·费德勒

占据重要位置固然很好，但更重要的是要做得好。

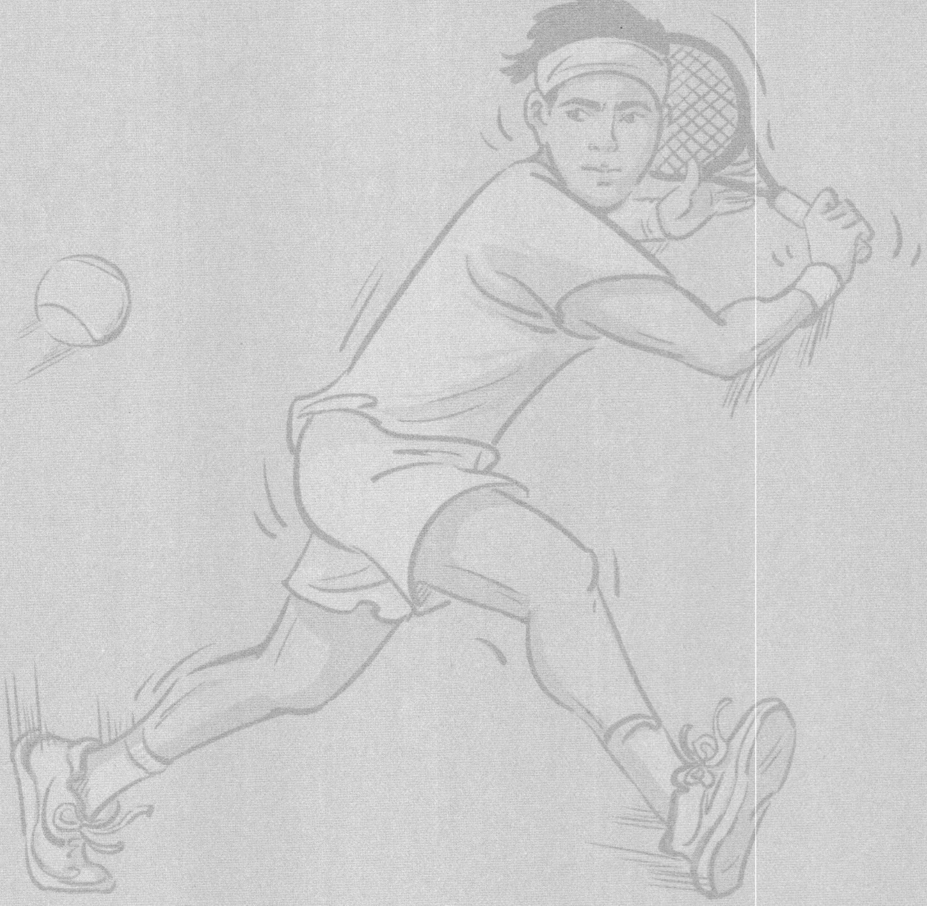

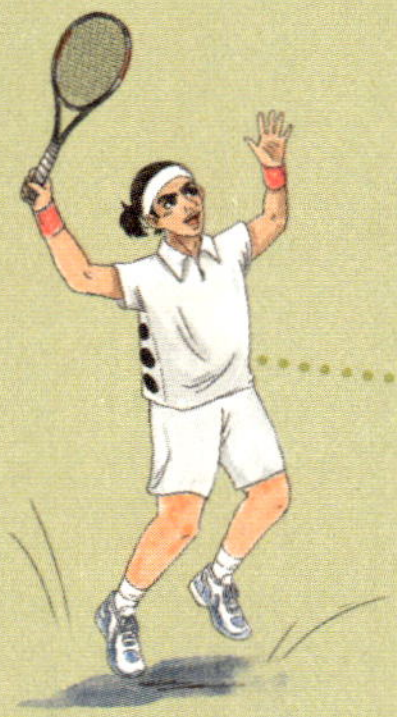

MON	
TUE	
WED	
THU	
FRI	
SAT	
SUN	

威廉姆斯姐妹

> 不存在绝对的完美，但如果达不到就不会停下来。

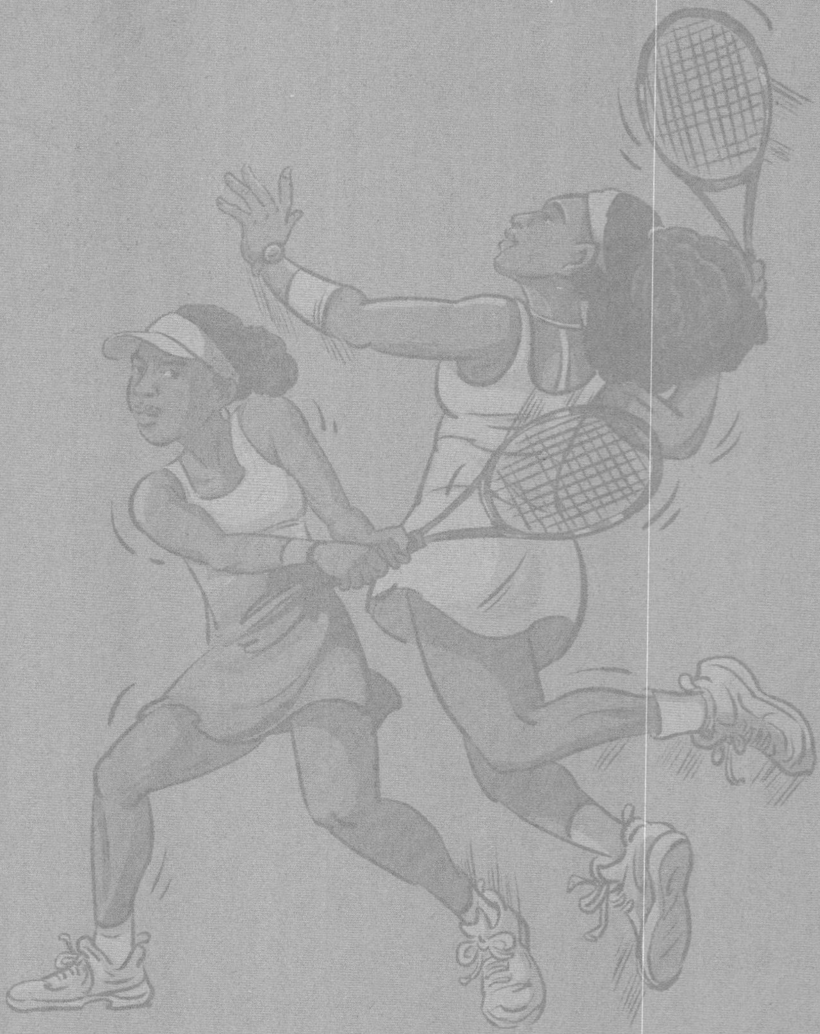

35

36

MON	
TUE	
WED	
THU	
FRI	
SAT	
SUN	

尤塞恩·博尔特

> 永远不要把自己限制在你已经做到的事情上。

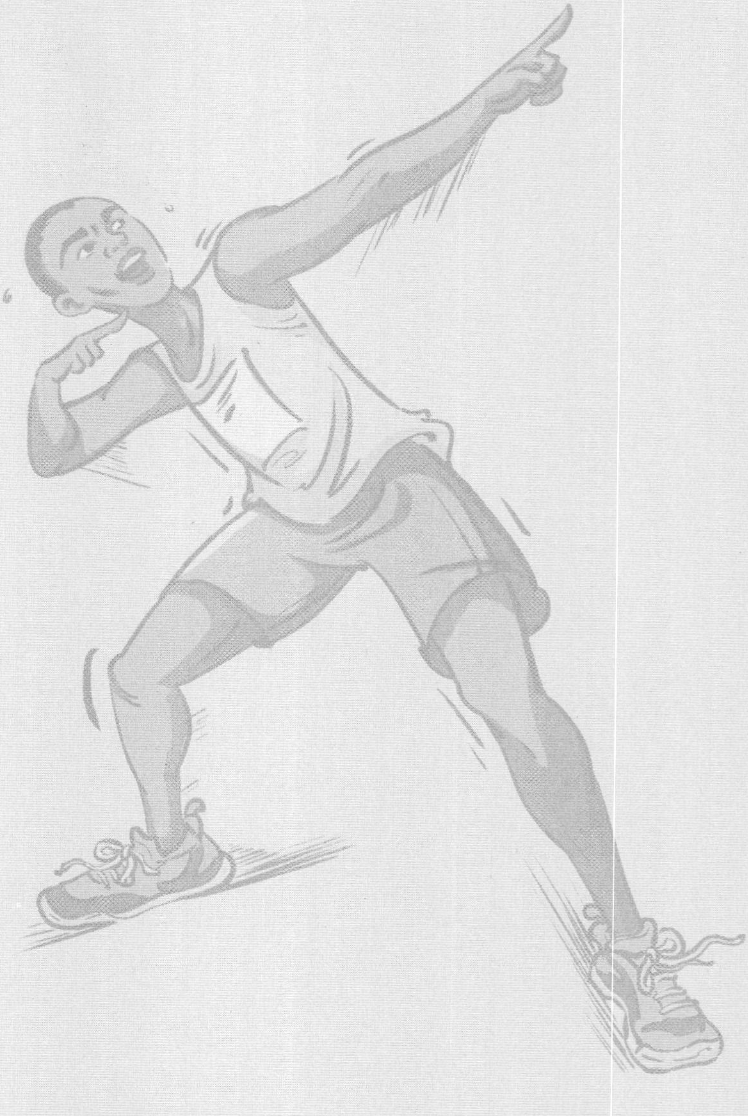

42

MON	
TUE	
WED	
THU	
FRI	
SAT	
SUN	

埃鲁德·基普乔格

> 人类没有极限。

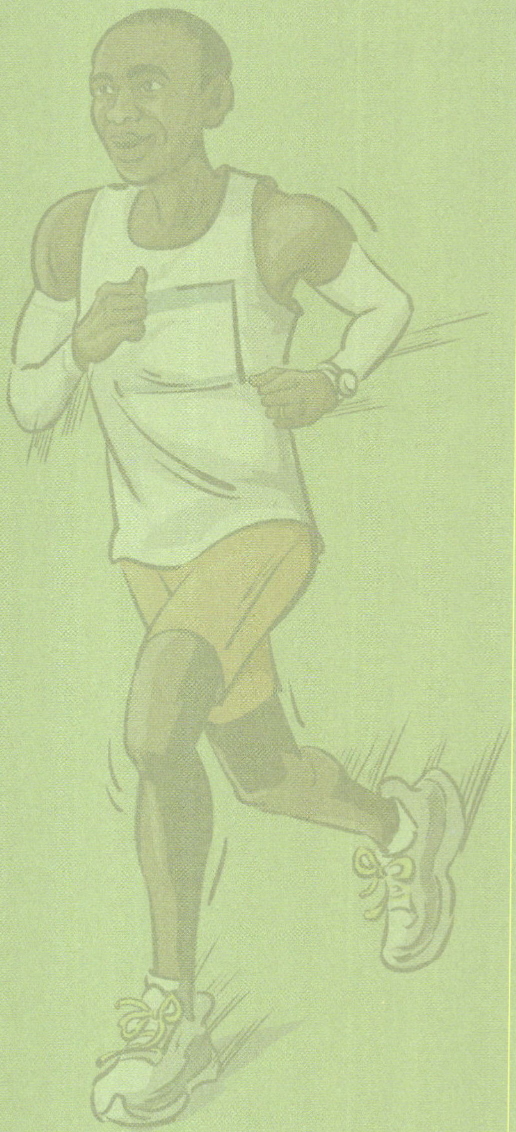

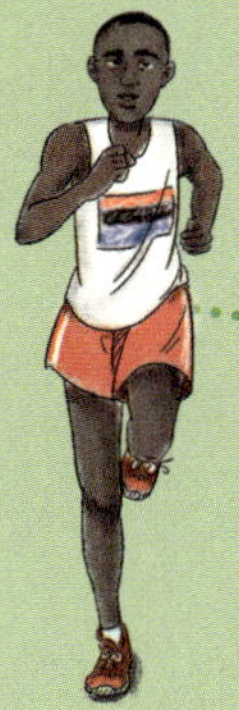

MON	
TUE	
WED	
THU	
FRI	
SAT	
SUN	

羽生结弦

> 努力会说谎,但努力不会白费。

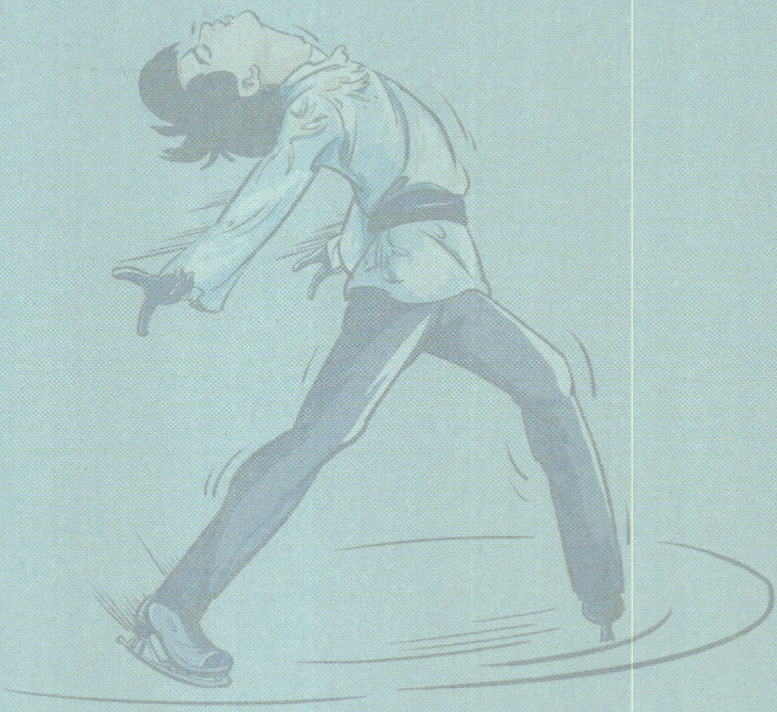

54